나만의
홈카페

C O N T E N T S

아이스 아메리카노

〿 에스프레소 2샷, 정수물 125ml, 얼음 한 컵

1. 잔에 얼음 한컵을 가득 담는다.
2. 잔에 정수물을 부어준다.
3. 추출도구로 에스프레소를 추출하여 잔에 부어준다.

Tip

얼음을 가득 넣어서 마셔보자.
아이스아메리카노를 더 시원하고 진하게 마실 수 있는 팁 중에 팁이다.

콜드브루 큐브라떼

▥ **콜드브루 얼음 8개, 우유 180ml**

1. 얼음몰드에 콜드브루를 넣고 얼린다.
2. 잔에 콜드브루 얼음을 넣어준다.
3. 우유를 부어준다.

아포가토

〰 에스프레소 2샷, 바닐라아이스크림 2스쿱, 원두가루 1g

1. 잔에 얼음을 넣고 칠링한다.
2. 바닐라아이스크림 2스쿱을 담는다.
3. 원두가루를 올려준다.
4. 먹기 직전 에스프레소를 따라준다.

아이스크림라떼

〣 에스프레소 2샷, 우유 125ml, 바닐라아이스크림 2스쿱, 원두가루, 얼음 반컵

1. 잔에 얼음을 담는다.
2. 우유를 붓고 추출한 에스프레소를 따라준다.
3. 바닐라아이스크림을 얹어준다.
4. 원두가루를 올려준다.

아이스 바닐라라떼

에스프레소 2샷, 바닐라시럽 30ml, 우유 125ml, 얼음 반컵

1. 잔에 얼음을 담는다.
2. 바닐라시럽과 우유를 부어준다.
3. 추출된 에스프레소를 따라준다.

헤이즐넛카푸치노

〣 에스프레소 1샷, 헤이즐넛시럽 20ml, 스팀우유 150ml, 우유거품

1. 예열된 잔에 헤이즐넛시럽을 부어준다.

2. 추출된 에스프레소를 따라준다.

3. 스팀우유를 부어준다.

4. 우유거품을 가득 부어준다.

커피샤벳에이드

‖‖ 에스프레소 3샷, 메이플시럽 150ml, 정수물 400ml,
     탄산수 150ml, 얼음 한컵

1. 메이플시럽과 정수물, 샷3개를 넣고 저어준다.

2. 냉동실에서 5시간 정도 얼린다.

3. 잔에 얼음을 담는다.

4. 탄산수를 부어준다.

5. 커피샤벳을 포크로 긁어준 후 스쿱으로 떠서 올린다.

커.코.넛(커피코코넛스무디)

〰 에스프레소 2샷, 코코넛파우더 50g , 우유 120g, 얼음한컵

1. 블랜더에 우유와 코코넛파우더, 얼음을 넣고 블랜딩한다.
2. 잔에 블랜딩한 음료를 담는다.
3. 추출된 에스프레소를 따라준다.

그린티 샷라떼

⫼ 에스프레소 1샷, 녹차파우더 25g, 스팀우유 220ml

1. 예열된 잔에 녹차파우더를 담아준다.

2. 스팀우유를 붓고 저어준다.

3. 추출된 에스프레소를 따라준다.

4. 녹차파우더를 올려준다.

아이스 미숫가루 샷라떼

▥ 에스프레소 1샷, 미숫가루 30g, 설탕시럽 30ml, 물 50ml,
우유 100ml, 얼음 반컵

1. 잔에 미숫가루와 물, 우유를 넣고 거품기로 저어준다.

2. 설탕시럽을 넣고 얼음을 담아준다.

3. 추출된 에스프레소를 따라준다.

소금크림라떼

〰 에스프레소 2샷, 생크림 100ml, 설탕 10g, 소금 1g, 우유 150ml, 얼음 반컵

1. 잔에 얼음을 담는다.

2. 우유를 붓고 , 추출된 에스프레소를 따라준다.

3. 생크림과 설탕, 소금을 휘핑한 후, 부어준다.

딸기바닐라라떼

▦ 에스프레소 2샷, 딸기시럽 20㎖, 바닐라시럽 10㎖, 우유 150㎖, 얼음 반컵

1. 잔에 얼음을 담는다.
2. 딸기시럽과 바닐라시럽을 담고 우유를 부어준다.
3. 추출된 에스프레소를 따른다.

말차딸기크림라떼

||||| 에스프레소 2샷, 딸기시럽 25ml, 말차파우더 5g, 설탕시럽 10ml, 생크림 50ml, 우유 150ml, 얼음 반컵

1. 잔에 얼음을 담는다.

2. 말차파우더와 설탕시럽을 뜨거운물에 녹인 후 부어준다.

3. 우유를 붓는다.

4. 추출된 에스프레소를 따라준다.

5. 딸기시럽과 생크림을 휘핑한 후 부어준다.

아이스 캬라멜마끼아또

▏▏▏▏ 에스프레소 2샷, 카라멜소스 15ml, 바닐라시럽 20ml, 우유 150ml, 우유거품, 얼음 반컵

1. 잔에 카라멜소스와 바닐라시럽을 부어준다.

2. 우유를 붓고, 저어준다.

3. 얼음을 넣고 우유거품을 올려준다.

4. 추출된 에스프레소를 천천히 따른 후, 카라멜소스를 드리즐한다.

아이스 카페모카

‖‖ 에스프레소 2샷, 초코소스 20ml, 바닐라시럽 10ml,
우유150ml, 얼음 반컵

1. 잔에 초코소스와 바닐라시럽을 부어준다.
2. 추출된 에스프레소를 넣고 저어준다.
3. 얼음을 담는다.
4. 우유를 부어준다.
5. 생크림을 휘핑한 후, 올려준다.
6. 초코소스를 드리즐한다.

아이스 민트모카

〰 에스프레소 2샷, 초코소스 15ml, 민트시럽 20ml, 우유 150ml, 얼음 반컵

1. 잔에 초코소스를 부어준다.

2. 얼음을 담고 우유를 따라준다.

3. 민트시럽을 부어준다.

4. 추출된 에스프레소를 따라준다.

카라멜팝콘스무디

▥ 에스프레소 2샷, 카라멜소스 30ml, 바닐라시럽 10ml,
　우유 100ml ,생크림 100ml, 설탕 10g, 카라멜팝콘 10개,

1. 블랜더에 우유를 붓는다.
2. 카라멜소스와 바닐라시럽을 넣는다.
3. 추출된 에스프레소를 따라준다.
4. 얼음을 넣고 블랜딩한다.
5. 잔에 블랜딩 된 음료를 담고 생크림과 설탕을 휘핑한 후 올린다.
6. 카라멜팝콘을 올리고 카라멜소스를 드리즐한다.

마카롱크림라떼

||||| 에스프레소 2샷, 마카롱 3개, 설탕시럽 10g ,블루큐라소시럽 10g, 생크림 100ml, 우유 150ml, 얼음 반컵

1. 잔에 마카롱을 조각내어 넣는다.
2. 설탕시럽과 얼음을 담는다.
3. 우유를 부어준다.
4. 추출된 에스프레소를 따라준다.
5. 생크림과 블루큐라소시럽을 휘핑해 올려준다.
6. 마카롱을 조각내어 올린다.

검은콩 쉐이크

Ingredients

*삶은 콩 1/3C
(불린 검은콩 1C, 소금 1/8t,
생수 5C)
우유 1C
바닐라 아이스크림 1스쿱
설탕 시럽 2T
작게 부순 얼음 1/2C

method

1 검은콩은 깨끗이 씻어 물에 담가 3시간 정도 불린 후 소금, 생수를 넣고 부드러운 상태가 될 때까지 끓인다.

2 믹서기에 삶은 콩과 우유, 바닐라 아이스크림, 설탕 시럽을 넣고 부드러운 입자가 되도록 곱게 간다.

3 컵에 작게 부순 얼음을 넣고 검은콩 쉐이크를 붓는다.

* 검은콩은 '블랙푸드'의 대명사로 일반 콩에 비해 천연 식물성 여성 호르몬인 이소플라본이 풍부하게 들어있다.

인삼 스무디

Ingredients

인삼 1뿌리 (손가락굵기)
율무차 1T
우유 1C
꿀 2T
얼음 1/3C

method

1　인삼은 믹서기에 곱게 갈리도록 작은 크기로 자른다.

2　믹서기에 작게 자른 인삼과 율무차, 우유, 꿀, 얼음을 넣고 부드러운 입자가 되도록 곱게 간다.

3　컵에 인삼 스무디를 담고 인삼 뿌리로 장식한다.

＊인삼은 잔뿌리가 많고 단단한 인삼을 구입하여 물에 담가 흙이 떨어지도록 잠시 두었다가 솔로 닦는다. 겉면의 물기를
　제거하고 키친타월에 싸서 지퍼백에 넣어 냉장 보관한다.

오레오 스무디

Ingredients

오레오쿠키 3개
우유 1C
연유 1T
요거트파우더 1T
얼음 1/2C
생크림 1/2C

method

1 믹서기에 오레오 쿠키와 우유, 연유, 요거트파우더, 얼음을 넣고 오레오 쿠키 입자가 약간 남아 있을 정도로 간다.

2 생크림은 휘퍼로 저어 휘핑크림을 만든다.

3 컵에 오레오 스무디를 담고 휘핑크림을 얹는다.

* 오레오는 100년의 역사를 가진 샌드과자의 대명사로, 오레오로 만든 스무디는 높은 칼로리로 인해 '악마의 레시피'로 불리지만 치명적 매력으로 지루한 일상에 활력을 더하기도 한다.

프로즌 초코

Ingredients

커버춰 쵸콜릿 2T
코코아 파우더 1T
시럽 3T
얼음 1/3C
우유 1C
휘핑크림 1/2C

method

1 볼에 커버춰 초콜릿을 넣어 전자렌지에 녹인 후 코코아파우더, 시럽을 섞는다.

2 컵에 초코믹스 시럽을 넣고 얼음을 채운 후 우유를 부어 섞는다.

3 파이핑 백을 이용하여 휘핑크림을 짜서 얹고 코코아파우더를 토핑한다.

＊ 초콜릿의 카카오향은 정신을 안정시키고 집중력을 높이는 효과가 있어 영국 해군의 아침식사 메뉴에서도 권장되고 있다.

수박화채

Ingredients

수박과육 2C
알로애 과육 1/3C

오미자 1/3C
생수 3C
시럽 5T
얼음 1C

method

1   오미자는 깨끗이 씻어 생수를 부어 24시간 우려 차갑게 냉각 한다.

2   수박은 티스푼으로 자연스런 모양이 되도록 떠낸다. 알로에는 껍질을 벗기고 과육을 작게 자른다.

3   화채 볼에 수박과 알로에, 설탕시럽, 오미자 우린 물, 얼음을 넣고 섞는다.

> * 수박은 채소의 풍미와 과일의 풍미를 동시에 가지고 있는 여름과일이다. 오미자는 달고 시고 쓰고 짜고 매운 맛의 5가
> 지 맛이 나며 생과일때는 오미자 청으로 담가 사용한다.

블루아이스 레몬스쿼시

Ingredients

블루큐라소 2T
레몬즙 1T
작게 부순 얼음 1/2C
레몬슬라이스 1개
탄산수 1/2C

method

1 컵에 블루큐라소와 레몬즙을 차례로 넣는다.
2 블루큐라소 시럽위에 얼음을 채우고 레몬슬라이스를 넣는다.
3 탄산수를 흘려 넣어 레이어드를 만든다.

  * 블루큐라소는 오렌지껍질과 사탕수수설탕, 정제수, 브랜디, 색소를 넣어 만든 블랜딩
    시럽으로 색상은 푸른색이지만 맛은 오렌지 향이 나는 시럽이다.

몰디브 카페

Ingredients

민트잎 3장
민트시럽 1T
레몬청 3T(p.167 참고)
얼음 1/2C
탄산수 1C
레몬슬라이스

method

1 컵에 민트잎과 민트시럽, 레몬청을 넣고 머들러로 민트잎을 찧는다.
2 민트 믹스위에 얼음을 채우고 탄산수를 붓는다.
3 탄산수위로 레몬슬라이스와 라벤더로 장식한다.

* 모히또의 오리지널 베이스는 럼과 라임, 허브를 브랜딩한 칵테일이지만 '럼'을 빼고 박하향의 민트시럽과 레몬청을 넣은 무알콜음료로 블랜딩 하였다.

애플 에이드

Ingredients

사과 청 2T(p.169 참고)
그린애플시럽 1T
작게 부순 얼음 1/2C
탄산수 1C
사과슬라이스

method

1 컵에 작게 부순 얼음과 사과 청을 넣는다.
2 얼음위로 그린애플 시럽을 넣는다.
3 사과 슬라이스 넣고 탄산수를 붓는다.

* 그린애플 시럽은 청 사과향의 시럽으로 소주나 정종칵테일에도 잘 어울린다.

모닝 부스터

Ingredients

완숙아보카도 1/2개
파인애플 1쪽
바나나 1/2개
레몬 청 1T(p참고)
요구르트 3T
치아씨드

method

1 아보카도는 가운데 씨를 제거하고 과육을 분리하여 작게 썬다. 파인애플과 바나나는 껍질을 제거 하고 작게 썬다.

2 믹서기에 손질한 아보카도, 파인애플, 바나나, 레몬 청, 요구르트를 넣고 곱게 갈아 컵에 담는다.

3 곱게 간 과일에 치아씨드를 넣고 섞는다.

* 기네스북 선정 세계에서 가장 영양가가 높은 과일인 '아보카도' 는 숲속의 버터로 불린다. 불포화 지방산이 풍부해 노
폐물을 배출해주는 역할도 한다.

디톡스 주스

Ingredients

비트 슬라이스 1/3C
당근 1/3C
사과 1/2C
케일 1잎
청포도 1/2C
밀싹 파우더 1T

method

1 비트, 당근, 사과는 껍질을 벗겨 작게 자른다. 케일은 깨끗이 씻어 작게 자른다.

2 믹서에 손질한 재료와 청포도, 밀싹 파우더를 넣고 곱게 간다.

3 주스 컵에 청혈 주스를 붓는다.

＊디톡스 주스는 일명 청혈(淸血)주스로 불리 우는데 독소배출과 노폐물 제거로 혈관청
소 효과가 있어 혈액의 흐름을 도와주는 탁월한 효능을 가지고 있다.

청포도 주스

Ingredients

청포도 1C
레몬청 2T(p.167 참고)
얼음 1/2 C
알로에 1/4C
탄산수 1/2C

method

1 믹서기에 청포도, 레몬청, 얼음을 넣고 갈아 청포도 믹스를 만든다.

2 알로에는 과육을 저며 작은 입자로 다진다.

3 컵에 청포도믹스와 알로에를 차례로 담고 탄산수를 붓는다.

* 청포도는 망고보다 단맛이 좋아 망고포도라고 불리는 '샤인머스켓'을 사용한다. 씨가 없어 주스용으로 적합하다.

비어 펀치

Ingredients

자몽 청 2T (p.168 참고)
레몬 청 2T (p.167 참고)
얼음 1/3C
무알콜 맥주 1C
자몽슬라이스

method

1 컵에 자몽 청과 레몬 청을 담는다.

2 과일 청 위로 얼음을 채우고 무알콜맥주를 부어 비어 펀치를 만든다.

3 비어 펀치에 슬라이스한 자몽의 표면을 토치로 구워 띄운다.

＊과일청의 향과 토치로 구운 익혀진 과일의 향이 맥주의 풍미를 더욱 깊게 한다.

실론 아이스티

Ingredients

홍차 2t
뜨거운 물 1C
자몽청 2T(메로골드청,
p.168 참고)
얼음 1C
탄산수 1/2C

method

1 홍차는 뜨거운 물에 3~4분간 진하게 우린다.

2 컵에 우린홍차와 자몽청(메로골드청)을 넣어 홍차믹스를 만든다.

3 홍차믹스에 얼음을 채우고 탄산수를 붓는다.

* 홍차는 산미가 있는 과일들과 잘 어울린다. 메로 골드대신 레몬, 라임, 천혜향, 자몽
등 시트러스계열의 과일을 다양하게 사용할수 있다.

홍삼 에이드

Ingredients

홍삼 액 1T
뜨거운 물 1/4C
생강 청 1T (p.170 참고)
레몬 청 1T(p.167 참고)
얼음 1/2C
탄산수 1/2C

method

1 홍삼 액은 뜨거운 물을 부어 희석해서 식힌다.

2 컵에 식힌 홍삼차와 생강 청, 레몬 청을 넣어 홍삼 믹스를 만든다.

3 홍삼믹스에 얼음을 채우고 탄산수를 붓는다.

  * 홍삼 액은 홍삼차 또는 인삼차로 대체 가능하며, 제품마다 농도가 다르므로 취향에 따
    라 가감한다.

커피 파르페(Parfait)

Ingredients

에스프레소 1샷
깔루아 1T
얼음 1/2C
바닐라 아이스크림 2스쿱

휘핑크림
과일
핑거쿠키
쵸코렛필 등

method

1 믹서기에 얼음, 에스프레소 커피, 깔루아, 바닐라아이스크림 한 스쿱을 넣고 섞어 커피믹스를 만든다.

2 볼에 생크림을 넣고 휘핑크림상태가 되도록 만든다.

3 컵에 커피 믹스를 담고 휘핑크림, 아이스크림, 과일, 핑거 쿠키 초코렛 필등 으로 장식한다.

* 파르페는 프랑스어로 '완벽한' 이란 뜻을 가지고 있다. 처음에는 접시에 담아내었으나 여러 가지 재료가 추가 되면서
긴 유리글라스에 아이스크림과 다양한 토핑이 올라간 형태로 변형되었다.

군고구마 라떼

Ingredients

구운 호박 고구마 1/2C
따뜻한 우유 1C
캐슈넛 1T
소금 한 꼬집
꿀 1T

method

1 고구마는 깨끗이 씻어 호일로 감싼 후 200℃로 예열된 오븐에 20분간 굽는다.

2 믹서기에 군고구마와 따뜻한 우유, 캐슈넛, 소금을 넣고 고운 입자가 되도록 간다.

3 컵에 곱게 간 고구마 믹스와 꿀을 넣는다. (꿀은 고구마의 당도에 따라 가감한다.)

* 고구마 라떼와 같은 방법으로 단호박을 이용해도 또 다른 풍미를 느낄 수 있다.

로얄 밀크티

Ingredients

홍차티백 1개
뜨거운 물 1/2C
뜨거운 우유 1/2C
메이플 시럽 2T

method

1 뜨거운 물에 홍차티백을 넣어 진하게 우리고 우유는 뜨겁게 데운다.

2 진하게 우린 홍차에 메이플 시럽을 섞는다.

3 홍차에 뜨거운 우유를 붓고 시나몬 파우더를 토핑 한다.

＊ 홍차에 우유를 섞게 되면 우유의 단백질이 홍차의 떫은맛을 제거하고 탄닌과 결합해 불용성 물질이 되어 위자극을 감
소시켜 준다. 또한 설탕대신 메이플 시럽을 넣으면 풍미 가득한 밀크티를 마실 수 있다.

마살라 차이

Ingredients

*스파이스 티 1/2C
카다몬 1/2t
시나몬 스틱 1개
저민 생강 1t
클로브 1/3t
통후추 1/4t
생수 4C

홍차 1t
뜨거운 우유 1/2C
우유 폼

method

1 카다몬, 시나몬 스틱, 저민 생강, 클로브, 후추는 생수를 넣고 15분간 끓여 스파이스 티를 만든다.

2 스파이스 티에 홍차를 넣어 우린다.

3 컵에 우린 홍차를 담고 뜨거운 우유를 부은 후 우유 폼을 얹는다.

* 마살라 차이는 인도식 밀크 티로 스파이스 티라고도 한다.
* 카다몬은 생강과의 향신료로 상쾌한 향이나 구취제거에도 효과가 있다.

수제햄버거

수제햄버거

재료
햄버거빵
햄버거패티(쇠고기다짐육 200g, 돼지고기다짐육 100g, 다진양파 50g, 다진
마늘 ½T, 다진파 2T, 빵가루 30g, 우유 2T, 달걀 1개, 오레가노, 소금, 후추)
토마토, 적양파, 베이컨, 치즈, 상추, 피클
소스(마요네즈3T, 양파즙 1t, 피클쥬스 1t, 디종머스터드 1t)

만들기
1. 햄버거빵은 반을 잘라서 팬에 구워준다.
2. 다진양파와 다진 마늘은 볶아서 식혀 준비하고 나머지 햄버거패티의 재료를
   모두 섞어서 한덩어리가 되도록 치대어 식용유를 두른 팬에 앞뒤로 구워서
   준비한다.
3. 토마토는 슬라이스, 적양파는 채썰고, 베이컨은 굽고 소스는 모두 섞어 준다.
4. 햄버거빵 위에 상추, 토마토, 햄버거패티, 적양파, 피클, 치즈, 구운베이
   컨 순서로 얹고 소스를 뿌려서 낸다.

창업 advice
햄버거는 패스푸드의 대표적인 메뉴이지만 패티와 소스를 직접 만들어 풍미를 높여준
다면 한끼 식사로 충분하다. 이태원 등을 중심으로 젊은이들에게 유명한 수제햄버거 가
게들이 늘어나고 있으며 프랜차이즈가맹점도 늘고 있다.

햄치즈샌드위치

햄치즈샌드위치

재료

치아바타빵

소스(머스터드 2T, 마요네즈 1T, 꿀 1T, 후추)

루꼴라, 슬라이스토마토, 후레쉬모짜렐라치즈, 베이컨

발사믹소스(발사믹 1T, 올리브오일 1T, 다진양파1T, 후추)

만들기

1. 치아바타빵은 오븐에 살짝 굽고 소스는 모두 섞어 빵안쪽에 발라준다.

2. 베이컨은 구워주고 후레쉬모짜렐라치즈와 토마토는 슬라이스, 루꼴라는
   먹기좋은 크기로 손질해서 준비한다.

3. 발사믹소스를 모두 섞어서 만든다.

4. 1의 치아바타빵에 2의 재료를 순서대로 얹고 3의 발사믹 소스를 루꼴라위
   에 뿌리고 빵을 얹어 낸다.

창업 advice

샌드위치는 다양한 빵으로 응용할 수 있다. 치아바타빵, 곡물식빵, 바게트빵 등으로 활
용가능하며 빵의 속재료도 다양한 채소나, 치즈, 고기류 등을 이용할 수 있다. 한끼 메뉴
로 가능하고 카페 메뉴로도 매우 좋다.

바게트토스트

바게트토스트

재료

바게트, 달걀 2개, 우유 250g, 설탕 1T

올리브오일 1T, 버터 1T

베리류, 메이플 시럽, 슈가파우더, 민트

만들기

1. 달걀, 우유, 설탕을 섞어서 두껍게 썬 바게트빵을 적셔둔다.

2. 팬에 올리브오일과 버터를 두르고 1의 바게트빵을 노릇하게 굽는다.

3. 2를 180도 오븐에서 15분 굽는다.

4. 접시에 3의 구운 바게트 빵과 베리류, 메이플시럽, 슈가파우더, 민트를 얹어 낸다.

창업 advice

대표적인 길거리음식인 토스트는 대부분 식빵을 이용하지만 카페에 응용할 경우 식빵보다는 바게트빵을 이용하는 것도 좋다. 브런치 메뉴 등으로 응용할 경우 과일이나 베리류 등을 장식하면 가격을 높일 수 있다.

아이스크림와플

아이스크림와플

재료

중력분 240g, 베이킹파우더 2t, 소금 ½t, 계피가루 1t, 설탕 2T

다진호두 50g, 달걀흰자 2개

달걀노른자 2개, 우유 180ml, 무염버터 60g

과일, 아이스크림, 슈가파우더, 애플민트

만들기

1. 중력분, 베이킹파우더, 소금, 계피가루, 설탕을 체에 내린다.

2. 1에 다진호두, 거품낸 달걀 흰자를 섞는다.

3. 다른 볼에 달걀노른자, 미지근한 우유, 무염버터를 중탕한다.

4. 2와 3을 섞어 예열한 와플기계에서 굽는다.

5. 4의 와플위에 과일류와 아이스크림, 슈가파우더를 뿌리고 애플민트를 얹어 낸다.

창업 advice

와플은 카페의 커피와도 잘 어울리고 브런치 메뉴로도 활용도가 높다. 와플에 아이스크림이나 생크림을 얹어서 낼 수도 있고 다양한 계절과일을 함께 연출해도 좋다.

레어치즈케이크

레어치즈케이크

재료
오레오쿠키 60g, 실온 버터 20g

크림치즈 200g, 사워크림 120g, 레몬즙 2½T, 생크림 160g, 꿀 100g, 젤라틴 3장 베리, 딸기시럽, 민트

만들기
1. 오레오쿠키를 가루로 만들어 버터와 섞은 후에 틀에 꼭꼭 눌러 치즈케이크의 바닥을 만들어 냉동실에 잠시 넣어 고정시킨다.
2. 크림치즈, 샤워크림, 레몬즙, 생크림, 꿀, 젤라틴 불린 것을 넣어 섞는다.
3. 1의 위에 2를 얹어 냉장실에서 4시간 동안 둔다.
4. 3을 접시에 담고 베리와 딸기시럽, 민트로 장식한다.

창업 advice
치즈케이크의 느끼함 보다는 신선한 맛을 느낄 수 있는 크림치즈케이크이다. 다양한 모양도 가능하고 과일이나 과일시럽을 함께 얹어 스타일링 하면 장식적 효과도 매우 우수하다.

감자스콘

감자스콘

재료

삶은감자 185g

박력분 185g, 베이킹파우더 9g, 냉장버터 46g, 파마산치즈 가루 55g

생크림 9g, 우유 69g, 설탕 9g, 소금, 후추, 타임

만들기

1. 감자는 삶아 뜨거울 때 으깨서 준비해 둔다.
2. 박력분과 베이킹파우더는 섞어 체에 내리고 냉장버터와 파마산치즈가루
   를 넣어 가볍게 섞는다.
3. 2에 생크림, 우유, 설탕, 소금, 후추, 타임을 넣어 자르듯이 반죽한 후 으
   깬 감자를 넣어 반죽하여 180도 오븐에서 20분간 굽는다.
4. 3의 스콘은 버터와 잼을 곁들여 낸다.

창업 advice

일반적인 스콘은 퍽퍽한 맛이 강하지만 감자스콘은 감자의 고소함과 부드러운 풍미를
즐길 수 있는 동시에 건강한 맛과 천연의 맛을 함께 느낄 수 있다. 감자 뿐만 아니라 고
구마, 단호박, 당근 등도 다양하게 응용 가능하다.

단팥소스찐빵

단팥소스찐빵

재료

찐빵 5개

팥앙금 $\frac{1}{2}$C, 물 $\frac{1}{3}$C, 계피가루

만들기

1. 찐빵은 찜기에 찐다.

2. 냄비에 팥앙금, 물을 넣고 끓인 후 계피가루를 섞는다.

3. 접시에 찐빵을 담고 2를 부어낸다.

창업 advice

찐빵의 단순함을 단팥소스와 곁들여 만든 디저트로 응용한 메뉴이다. 팥을 응용한 대표적 메뉴는 단팥죽, 팥빙수 등이 있지만 팥은 앞으로도 다양하게 활용 가능한 식재료이며 폭넓게 개발할 수 있다.

인절미토스트

인절미토스트

재료

식빵 2장, 인절미 4~5조각

블루베리잼, 견과류, 아몬드슬라이스

무화과조림, 콩가루, 메이플시럽

만들기

1. 식빵은 살짝 구워 인절미를 얹고 전자렌지에 돌린다.
2. 1의 빵에 블루베리잼과 견과류, 아몬드슬라이스를 얹고 식빵 1장을 다시 얹는다.
3. 2의 빵위에 콩가루, 무화과조림, 메이플시럽을 뿌려 낸다.

창업 advice

퓨전카페의 대표적 메뉴로 토스트의 바삭함과 인절미의 쫀득함을 동시에 즐기며 남녀노소 모두 좋아하는 메뉴이다.

인삼아이스크림

인삼아이스크림

재료

바닐라 아이스크림 800g, 다진 인삼 70g, 다진 잣 2T
흑임자가루, 견과류강정 약간, 인삼 뿌리 약간

만들기

1. 바닐라 아이스크림, 다진 인삼, 다진 잣을 분량대로 골고루 섞은 후 냉동고
   에서 얼린다.
2. 인삼을 슬라이스 한 후 흑임자가루를 묻히고, 견과류강정을 준비한다.
3. 그릇에 1의 아이스크림을 스쿱으로 떠 담고 2의 재료를 보기 좋게 담아
   낸다.

창업 advice

아이스크림은 인공감미료를 넣는 것이 일반적이지만, 최근 건강을 생각하는 소비자들
에게 천연과일 등 신선한 재료를 함유한 수제아이스크림이 큰 인기를 얻고 있다. 과일
뿐만 아니라 인삼, 대추, 견과류 등 한국적인 재료를 사용하면 한식디저트 카페의 히트
메뉴가 될 수 있다.

우유팥빙수

우유팥빙수

재료

우유 1L, 연유 2T

팥빙수팥(팥 300g, 소금 $\frac{1}{2}$t, 설탕 130g, 올리고당 100g

인절미 약간

만들기

1. 우유와 연유는 분량대로 섞어서 냉동고에 얼려둔다.
2. 냄비에 깨끗이 씻은 팥을 넣고 물을 넉넉히 부은 후 첫 번째 끓인 팥물은 버린다.
3. 1에 4~5배의 물과 소금을 넣어 무를 때까지 푹 삶아준다.
4. 충분히 삶은 팥은 취향에 따라 으깨주고 설탕, 올리고당을 넣어 약불로 조린다.
5. 1을 곱게 갈아서 그릇에 담고 4의 삶은 팥과 인절미를 얹어 낸다.

창업 advice

여름메뉴였던 팥빙수는 지구온난화의 영향으로 우리나라도 여름이 길어지면서 빙수는 4계절 내내 매출을 올릴 수 있는 "좋은아이템"이다

나만의 홈카페

초판 인쇄 2020년 9월 15일
초판 발행 2020년 9월 20일

펴낸이   진수진
펴낸곳   책에 반하다

주소   경기도 고양시 일산서구 대산로 53
출판등록   2013년 5월 30일 제2013-000078호
전화   031-911-3416
팩스   031-911-3417
전자우편   meko7@paran.com